點心組
俞氏空中烹飪
教授班
第一期

緒言

凡吾人飲食之品無一不直通內臟其影響於身體健康者至鉅食物不良則無營養力烹調不得法則有礙消化不清潔或不新鮮之品食之小則足以致病大且危及生命至於味之美惡猶其餘事也家庭主婦於其丈夫自公退食之時若能選擇其夫所嗜而易於消化之品親手調製用以佐餐則其夫之一日辛勞得所慰藉而伉儷間之愛情亦因而彌篤矣家有老親稚子者亦宜有適當之食物以獲致良好之營養至於在家宴客而向市上叫菜則價昂而味未必美若假手於傭婦庖丁又恐難免不鮮不潔之弊故入廚之責仍非主婦莫屬惟是烹飪一道似易而實難欲求精通端賴實習時下婦女對此發生興趣者近來已逐漸增多而感師資之難覯士蘭有鑑及此願以數十年研究之心得貢獻於一般智識姊妹們之前以資共同研究幸垂察焉

教授俞士蘭編

目錄

一　乳油蛋糕

西點中以蛋糕為最普通，而實際上蛋糕為西點中最復雜，最難做得滿意的一種點心，因其花色繁多，有五六十種之多，且各有各不同的做法，而乳油蛋糕，余意可稱為蛋糕中之最出色，頂可口的一種（因余喜食故也）。滬上幾家大咖啡館，若凱士林，老大昌皆為乳油蛋糕所著名，今將其做法記於下面。

成份：

一．雞蛋六只（要大的約八只一磅的大小）
二．糖一杯（最好用車糖）
三．麵粉一杯（要篩過再量成的）
四．香料精一茶匙（洋酒伙食店有售）
五．乳油一磅（乳油即 Whipping Cream 牛乳棚有出售）

六．糖四湯匙（放在乳油內者）
七．香料精一茶匙（放在乳油內者）
八．胡桃肉約三兩（切細）
九．圓的，活底蛋糕模型一只（九英寸直徑大小）

做法：

把雞蛋黃與蛋白分開，先將蛋黃用木匙羹用力打攪，至呈淡黃色，則加入白糖大半杯，再打五分鐘，次將蛋白用打蛋器打硬後，將糖徐徐加入，一面打，一面加，至糖加完為止。則那時的蛋白要很硬，一只竹筷可以直立着為標準，然後把攪透之蛋黃，慢慢加入蛋白內，輕輕攪勻之，末以麵粉用篩，徐徐篩入蛋之混合物內，輕輕把粉捲進，加入香精一茶匙調勻，注於搽油之模型內，置於烘爐中。用三五〇度之熱度烘炙之。約三十分鐘，取出放在鐵絲架上待涼。

將乳油用打蛋器打厚加糖及香精待用，把蛋糕用刀正中剖為兩層分開，將打好之乳油厚塗在下一層。次把上一層蓋上，在上面再塗一層，把牠刮平，旁邊一圓轉也薄薄塗一層，以切碎之胡桃肉黏上，上面以紙袋或管，將乳油擠成花紋，飾以紅櫻桃更是姣艷可愛。

二　冰淇濂

冰淇濂種數很多，做法及原料之配合，各國有各國的不同製法，有用電冰箱冰成者，有用機器攪成者，有用冰，冰成者，今將其最可口的一種介紹於下。

成份：

一・雞蛋三只（要大的）

二・牛乳二杯（如用罐頭淡乳則一半乳一半水）

三・糖三分之二杯
四・菱粉二湯匙（用水三湯匙開濕）
五・鹽一撮
六・鮮乳油一杯（打厚待用）
七・香料精一茶匙（如用香草精者即為香草冰淇濂以香料而分成各種名稱）

做法：

先將雞蛋黄白分開，把蛋黄攪透，再將牛乳加糖，菱粉與鹽在文火上煑，至蛋黄熟為度，惟煑時，欲不定手的攪，否則底下焦黄。提起待冷後，再將蛋白用打蛋器打硬，加入糖二茶匙（糖欲少少加入，一面打，一面加。）然後把蛋白及打厚之乳油輕輕拌進，加入香料精調和待冷。

用電冰箱冰者，將此混合物倒在冰格中，開足冷度，冰約一小時，（旁邊及底下已凝結時）將其取出用木匙攪透，再冰至凝結時，（約一小時）即可食矣。

如用機器搖者，則將混合物裝入桶內，用二成冰一成鹽，裝在放冰的一層，以後不停的搖，至凝結為止

三　赤燒飽

飽子即饅頭，相傳為諸葛亮征南蠻時所發明，是一種實心饅頭，現在之有餡饅頭，是後人進化而成的，以致各省有各種不同風味的飽子，而飽子中，猶以廣東之赤燒飽更膾炙人口，今把其做法，詳細說明于下。

成份：

一・麵粉四杯

二・赤燒肉半斤（最好肥些的）

三・酵母一塊（洋酒伙食店有售）
四・糖四湯匙
五・猪油四湯匙（溶化之和入麵粉内）
六・醬油二湯匙（炒赤燒用的）
七・糖二茶匙（炒赤燒用的）
八・麵粉二滿湯匙（炒赤燒用之）
九・發酵粉一湯匙

做法：

用温水半杯，將酵母調開，加入麵粉一杯及温水半杯拌匀，放在煖處待發酵，至見有泡泡起時，即可將猪油糖及其餘麵粉倒入拌和，如覺太乾，可再加温水至可做成麵糰為度，用手搓和，約搓五分鐘，用濕布蓋好，放在暖處約一二小時，至粉糰發大至一倍時，轉放於板上，加入酵粉再稍搓之，即可分成小塊撳扁將餡包入，做成饅頭形，置於蒸籠内，再待其發起，把水先行燒開，即將蒸籠放上，用强火蒸約一刻至二十分鐘。

餡餡做法：

將赤燒切成約二三分大小之片用醬油糖拌和，油燒熱把赤燒倒入炒數下，將肉推在一邊，即以二湯匙乾麵粉倒在油内煎一分鐘左右，即與肉拌和，加水約四湯匙，再炒數下，鏟起待冷。

四　奶油泊夫

奶油泊夫係 Cream Puff 譯音，外面是有鬆脆的皮子，裏面實滿了乳油，其味豐美無比，市上幾家大咖啡店有買，惟其價格相當貴，若老大昌之奶油泊夫，很是著名，今將其製法寫於下。

成份：

一．麵粉一杯（要篩過而後量）

二．水一杯

三．白塔油四分之一磅（用猪油也可即是半杯）

四．雞蛋四只（要大的）

五．乳油一磅

六．糖半杯（放在乳油內的）

七．香料一茶匙（放在乳油內的）

八．鹽一撮

做法：

將水與白塔油（如用人造白塔或猪油皆可）放在鍋內煑滾，加入篩過之粉及鹽，乘熱速攪，攪至光滑離鍋為度，離火俟稍冷，打入雞蛋一只，用力速拌，至雞蛋調勻，再打入蛋一只，再攪之，如此一一加入，至加完後，再用力攪五分鐘（注意蛋不可加得太快）成為厚糊狀，則將牠裝在紙袋內，下面剪一洞，將麵粉自其中榨在搽油之鐵盤中，一堆一堆的排列在其內，惟不可離得太近（因經烘後，即發大）放進烤箱內，先用最大火（五百度）烘約十分鐘後，即收小火至三百五十度烤二十分鐘，至上面呈金黃色，發起有一倍多大，即是標準的泊夫，取出即用刀乘熱將上面切開一些，給裏面的熱氣走出，待冷，以乳油打厚加糖及香料，遂個裝滿，上面飾以糖粉或乳油。

五　甜酒釀

自製酒釀，較市上售的味濃，且富有酒味，若以煮雞蛋或圓子，甚是鮮美可口，而用以做酒釀餅，更覺芬芳撲鼻因其濃味故也，今把做法說明於下。

成份：

一・糯米二升　（用上白者）

二・甜酒藥半粒　（茶葉鋪有售須問明酒藥之凶性以定分量）

三・麵粉一湯匙　（用來拌酒藥）

做法：

將糯米淘淨，在清水中浸一夜，撈起上蒸籠蒸透，用冷水冲過，再用熱水淋一下，以改温度，把酒藥研細與麵粉調和，拌入飯中，拌勻，倒進缸中撳平，中按一潭，上再灑些藥粉，然後緊關缸蓋，四周把棉被圍牢，天氣暖，一天即可，如天冷，須三天，以視天氣來定時間。

六 酒釀餅

酒釀餅是用麵粉製成的，不用酵母卽以自已來發酵，其中餡子用玫瑰，豆沙，棗泥等製成的。

一・麵粉四杯
二・酒釀一杯
三・豆沙一杯
四・棗泥一杯
五・猪油一杯（切成骰子塊，用糖漬着）
六・鹼水少許（將食鹼冲水）
七・發酵粉二茶匙

將麵粉和入甜酒釀，稍加溫水拌和，放在暖處，待其發酵後，卽灑些鹼水，及發酵粉把他搓和，卽再搓成長條，切成小塊，用手捺扁，包入豆沙與猪油，再搓圓撳扁入搽過油的平底鍋內，用文火烘至二面黃即可食。

七 豆沙做法

豆沙分為粗豆沙細豆沙及廣式豆沙幾種，街邊攤販上的點心大致用粗豆沙，因其簡單經濟，那其僅將赤豆煑酥，用油，糖炒透即成。細豆沙須先將豆皮去掉，而後炒成者，即是我們用來做一切點心的餡心。廣式豆沙其色黑，可以多藏日時，不易酸化。其做法與細沙同，惟炒時加上綠礬少許而已。廣東點心中之豆沙餡皆係此種豆沙，現將細沙製法寫之於下。

成份：

一・赤豆一斤

二・白糖一杯

三・猪油四兩
四・水半杯
五・淘米籮一只
六・布袋一只（可以用裝糖的袋或用布也可）
將赤豆煮爛，倒在淘籮內，用清水半面盆，把淘籮放在水內，一面用手將豆擦爛，淘透，則豆沙皆灑入水內，把籮提起，豆沙皆沉盆底，即將盆內之水及豆沙，皆倒入布袋內，用手擠乾，次把水與糖，燒溶，加入熬熟猪油末以豆沙倒入，炒透即成。

八　麵包布丁

布丁種數很多，有菓子布丁，椰子布丁，咖啡布丁，有不勝數舉的名目，且做法亦各各不同，此麵包布丁為最適口，

亦為最易製的一種，在廣式酒席中末一道所出的甜點，即係此種布丁，今將其製法寫下，

成份：

一．麵包心二杯（最好隔宿者將邊皮去掉）

二．牛乳四杯

三．糖半杯

四．雞蛋二只

五．鹽半茶匙

六．香精（一茶匙）

七．葡萄乾半杯（用二湯匙麵粉拌過）

八．牛脂油半杯（即 Suet）

做法：

將麵包心切成半寸見方的小塊，把牛脂油切細與麵包拌和

。再將牛乳，與糖燒滾，加下打透之雞蛋及鹽，調和，傾入麵包內，再將蛋白打硬，輕輕拌入混合物內，加入香精，及葡萄乾。倒在搽油的模型內，上遮以紙隔水蒸之，約一小時半覆出，澆以沙司，即可上席。

九　布丁沙司

成份：

一・麵粉三份之一杯

二・蛋黃二只（去白）

三・糖半杯

四・香草精一茶匙

五・牛乳一杯半

做法：

先將蛋黃攪透，加入糖及麵粉，調和，再把牛乳加入，隔水蒸約十分鐘，一面蒸一面不停地的攪，至蛋熟為止，加入香草精，澆在布丁面上。

十　杏仁豆腐

杏仁豆腐，為夏令冷飲中最細巧之甜點，有清涼去暑之功。若加些紅櫻桃，波羅等，更是甘芳鮮艷。如作為筵席中之甜湯，真是美觀大方。而製法甚易，今介紹于下。

成份：

一・杏仁四十粒（去皮）

二・糖二湯匙

三・洋菜八莖（冷水浸透）

四・罐頭水菓一聽（如波羅蜜，櫻桃或桃子）

五・紅櫻桃十數粒
六・香精數滴（杏仁精或薄荷精）

做法：

將杏仁磨細，用布袋裝起，加水一杯，把牠撳搓，至袋中之汁皆洗出，即將此汁加入糖及洋菜，燃火煮透，以溶化為度。而後倒入平底盤內，以冷水或放在冰箱內繳冷，約二十分鐘後，即凝結成為杏仁豆腐，切成投子塊待用，次將果子切成小塊，連汁加入杏仁豆腐內，再加冰水一杯，及香精數滴。若以紅櫻桃數粒加入更覺出色。

十一　銀絲卷

銀絲卷者為實心饅頭之一，而其中則條條銀絲，且是鬆軟無比，平津館中所作者最為著名。今將其製法寫下。

成份：

一．麵粉四杯（要上白的）

二．酵母一塊

三．生油¼杯

四．發粉一湯匙

五．糖四湯匙

做法：

將酵母用溫水半杯溶開，加入麵粉半杯，放暖處待其酵發，或見有小泡泡起，即可將其餘的麵粉加入。再加溫水約半杯，及糖搓透，置暖處再待其發起有一倍大時，加入發酵粉及乾粉少許，稍搓，將三分二的粉糰用麵棍撳以⅛寸厚的薄片，抹上生油，摺疊之，以刀切成一條條如麵狀，分做三份。再將所餘的一份也分做三份，每份將牠撳成薄被。把切就之麵條，整齊地排列在薄被上，包裹成一枕頭形，放在蒸籠內，待其發約二十分鐘，即上爐用强火蒸熟。

十二　多福餅 Doughnut

多福餅有多種製法，有用酵母做成，若羅宋舖及餅灘上所出售者，叫糖納子。有用發酵及雞蛋，白塔油作成者。此種則較鬆軟可口。今將後一種介紹于下。

成份：

一．麵粉五杯左右
二．雞蛋三只
三．白糖一杯
四．白塔油三湯匙
五．牛乳一杯（如用罐頭淡乳則半杯牛乳加半杯水）

六．發酵粉二湯匙

七．鹽一茶匙半

八．玉桂粉半茶匙（Cinnamon 伙食店有售）

九．豆冠粉半茶匙（Nutmeg 伙食店有賣）

十．猪油或生油一斤

十一．糖粉半杯（伙食店有賣）

十二．模印一只（式樣係大小兩圓形，相疊印出，則中有一空）

做法：

將白塔油與糖，打攪成酪，把雞蛋打透加入酪內。再將麵粉與發酵粉及鹽拌和，用篩篩過，與牛乳交替加入酪內，成為軟粉糰（如覺太軟，不可着手搓時，可加些乾粉）。放在有乾粉的板上，擀薄（約半英寸厚）用模印，軋切之。即上熱油鍋內煎炸至兩面金黃色，即撈起，灑以糖粉。

十三　乳油銀糕

乳油銀糕為冰凍點心中之最出色者，新雅酒家之乳油銀糕，為滬上之最有名。今將其做法寫于下。

成份：

一・洋菜粉一湯匙（Gelatine伙食店有售）

二・乳油半磅（Whipping Cream牛奶棚有售）

三・糖一杯

四・雞蛋白三只（去黃勿用）

五・開水一杯

六・香草精一茶匙

七・冷水¼杯

做法：

將洋菜粉用冷水調開浸透，把糖在一杯開水中煮溶，加入洋菜粉煑一透，離火，在冰水中繳冷，至將凝結時，卽以打硬之蛋白及乳油，輕輕拌進，加上香草精，傾入模型內，放進冰箱至凝結為度，食時用大盆覆出上席

十四 定升糕

成份：

一・糯米粉四杯
二・粳米粉六杯
三・白糖一斤
四・猪油半斤
五・水果紅數滴

六．水約二杯

做法：

將糖用水溶化，加入水果紅，一面把糯米粉與粳米粉調和傾入糖水，將之拌成粗鬆的乾粉，以揑得成團爲度，拌就後用粗篩篩過，鬆鬆的裝入定升匣內，上蒸鍋蒸之，約數分鐘至上面粉皆凝結卽已熟矣，如欲做猪油定升糕如茶食舖所出售者，可在裝匣時中隔糖凊過之生猪油塊數粒，上面也嵌上幾粒，再洒糖桂花一撮，上鍋蒸出卽成。

定升匣係木製模型，形如定升，車牀店有出售。

十五　糖山楂

成份：

一．山楂三十只

二・砂糖一杯
三・豆沙一杯
四・糖桂花半茶匙
五・水半杯

做法：
將山楂用開水泡過，刮去其皮，凉乾，用刀剖開，把子挖掉，嵌入豆沙，一個一個用竹籤穿着，一面把糖加水及桂花煑至牽絲時，即以穿好之山楂浸入，少時取出，山楂上黏滿糖汁，即成冰糖山楂。

十六　總會三明治

成份：
一・麵包一只

二・白塔油或買其林1/4磅 Margarine
三・熟雞肉數大片
四・番茄四只（大的）
五・煙鹹肉半磅 Bacon
六・生菜一棵
七・梅效尼斯半杯
八・鹽，胡椒少許（細鹽）

做法：

將麵包切成薄片，在文火上烘至兩面微黃，待用，先以一片塗上軟白塔油一層，放上洗淨的生菜一片，菜上置熟雞肉一片，洒上鹽及胡椒少許，即把第二片蓋上，面上塗梅效尼斯一層，上放番茄片及煎過之煙鹹肉數片，或可加入芥末醬少許，即將搽過白塔油之第三層麵包蓋上，對角切開，即切成二塊三角形吐司，即成。

十七　果子露簡便做法

成份：

一．白糖一斤

二．水二杯

三．香精半瓶

四．水果紅十數滴

做法：

先將糖溶化於水中，上爐煑十數分鐘，離火撇去泡沫，用布濾過，再放火上煑至有大泡泡滾起時，即可將鍋拿起，調入香精及水果紅，即成，此以香精來別其名稱，如用橘子精做者即為橘子果子露，以楊梅香精做者，為楊梅果子露，惟檸檬果子露，普通一般往往卽係本色，所以無須放入水果紅，加入檸檬精卽成。

十八 蘇式月餅

一・麵粉一杯
二・熟猪油半杯
三・麵粉二杯
四・熟猪油四湯匙
五・水半杯
六・餡心一碗

先將麵粉二杯與四湯匙熟猪油捏和，拌入水半杯，搓透直至柔軟韌滑而有彈性為至，次把半杯猪油，擦入半杯麵粉內，加入水少許拌就後，將兩種皆摘成小塊，而數必相等，然後將大者包其小者，搓圓，撳扁，用桿棒趕長，便卽捲轉如竹管狀，卽以手指卷起，將此卷柱直用掌搨扁，捏成圓形，中包以各種餡心，包起搨扁，攤入烘盆中下用炭結，烘至兩面微黃，卽可。

十九　玫瑰餡，百菓餡

一・猪油¼杯
二・糖半杯（綿白糖）
三・麵粉二湯匙
四・青梅二只（甜的）
五・瓜子仁二湯匙
六・玫瑰花二三朵
七・水果紅數滴

將糖，麵粉，玫瑰花辮，斬細之青梅，瓜子仁等拌和，加入水果紅及刮細之猪油，調和，做成餡心，即為玫瑰餡。

百菓餡・・百菓餡之成份與做法與玫瑰餡大致相同，惟不用玫瑰花及水果紅，須加入切碎之核桃肉¼杯即可。

二十　核桃蛋糕

一・雞蛋四只
二・糖一杯
三・麵粉一杯半
四・發酵粉一茶匙
五・鹽一撮
六・核桃肉一杯
七・葡萄乾半杯

八・糖粉二湯匙
九・香草精一茶匙
將雞蛋黃白分開，先把蛋黃攪透，加入糖半杯，攪至淡黃色為度，次把蛋白打硬至筷子能直立蛋白中時，可將其餘半杯糖漸漸的加入，需一邊打一邊以半茶匙半茶匙的加入，待糖加完後即將蛋黃慢慢的和入，一面將核桃切成小丁塊與葡萄乾相和用半杯麵粉拌和待用，把其餘的一杯麵粉加入發酵粉，鹽一同篩過，須輕輕的捲入雞蛋黃白之混合物內，加下香草精及拌過粉之核桃肉等，用搽過油之方模型或烤盤，在三百五十度烤箱內烘約三十分鐘，即中火，待熟即上面金黃色而有彈性即可，覆出，待冷上面洒以糖粉，切成方塊或長方塊，即成，須用九英寸的方模型。

點心組
俞氏空中烹飪
教授班第二期

目錄

教授俞士蘭

一　白帽蛋糕

成份：

一．白塔油¼磅

二．糖一杯

三．雞蛋二只

四．麵粉二杯

五．發酵粉三茶匙

六．鹽半茶匙

七．牛奶⅔杯

八．香草精一茶匙

做法：

將白塔油打攪成酪，加入糖打透，再將蛋一一加入，在每蛋加入時必須攪透，再可加入第二只。次把麵粉，發酵粉，與鹽等篩勻，同牛奶交替加入已攪透之混合物內，一面加一面攪，至加完為止，末將香草精加入調和，用搽過油之八寸模型二只，在三百七十五度烤箱內烘約廿五分鐘。自模型取出待冷後，以一只上面塗以糖霜，將另一只放上，上面即將其餘的糖霜倒在糕面，等其自然四面流下，即成一白帽矣，是以名為白帽蛋糕

二　白帽糖霜

成份：

一・糖一杯半

二・蛋白二只

三・太達粉半茶匙（Cream of Tartar）

四・水⅓杯，鹽一撮
五・香草精一茶匙

做法：

將蛋白，糖，鹽，太達粉，與水混合，把鍋放在滾水上蒸，一方面以打蛋機不停地的搖，至厚為度，約搖六七分鐘，加入香草精，即成。

三　千層糕

一・麵粉六杯
二・白糖一杯半
三・紅棗一杯（斬細）
四・胡桃一杯（斬細）

五・猪油一斤（切最小丁塊）
六・熟油一杯
七・紅綠絲少許
八・酵母一塊

以半杯温水與酵母調和，拌入麵粉一杯，放在煖處，待其酵發後，將其餘麵粉加入，加水調和成麵團搓透，再放在煖處，至發起時，再搓透，用桿桿薄，搽以熟油，再桿薄，將斬細之紅棗，胡桃，猪油，及白糖拌和，鋪在桿薄之麵粉上，捲起再桿成長方形，放在蒸籠內，俟其再發起時，灑以猪油，及紅綠絲，瓜子仁等用猛火蒸熟之。

四　猪油湯團

猪油湯團為浙寧著名點心，猶在新年客至，必以猪油湯團餉客，其圓子僅如櫻桃大小，其中滿實餡心，不知者皆驚技術之不凡，今將作法寫於下。

一・糯米水磨粉三斤
二・猪油一斤
三・黑芝蔴一斤
四・白糖半斤

將黑芝蔴炒熟磨細，調入白糖待用，次把猪油去皮，用刀刮細搓入芝蔴酥內做成小圓子作為餡心，以粉一小塊揿成餅形，將餡子包入搓圓即成，圓子大小即視餡心之大小如欲作成很小如櫻桃大小之圓子，則將餡心做成較小一層。

湯團煮法則需技巧，否則一片糊塗不成圓子，尤其是小圓子煮法更難。今將其煮法寫於下。

先將水燒開一一將圓子下湯至水沸時則加以冷水少許，時時加之勿使水大沸為要，因皮薄易破一俟其浮起即可。

五 花生鬆餅 Peanut Marcaroon

成份：

一・花生肉一杯

二・雞蛋白四只

三・糖一杯

四・香草精一茶匙

做法：

將雞蛋去黄留白，打硬把糖漸漸加入，一面打一面加至加完為止，次將切碎之花生肉輕輕和入，加下香草精或杏仁精，用紙袋擠出花紋在三百度烤箱內烘約四十分鐘。

六　猪油夾沙八寶飯

八寶飯為甜點心之一，做法簡便且美觀而大方，可作筵席中之甜點與杏酪湯一同上席，也可作日常點心，且能預先做就，至食時衹蒸熱即可。今將做法寫下。

一・糯米兩碗
二・豆沙一碗
三・猪油四湯匙（熬熟）
四・糖蓮子數粒
五・紅瓜，青梅，瓜子仁，蜜棗，桂圓各少許
六・白糖半杯

七・生猪油數小塊（用糖清過）

將糯米淘淨，煑成飯，拌入白糖，猪油待用，次把飯碗每只滿塗猪油在碗底，用蓮子，紅瓜，青梅，瓜子仁，蜜棗等任意排成各式花紋，再將糯米飯，輕輕裝入，留意底層排成之花紋勿使移動，而後在中間掀一洞，放入豆沙，及糖猪油，上再放飯一層，上籠蒸約半小時，用大盆覆出，則上面各種花紋顯矣，可同杏酪湯同食。

七　杏酪羹

一・杏仁半杯

二・白糖半杯

三・水二杯

四．菱粉一湯匙

將杏仁用開水泡開去皮，舂細成磨細，和入水用布袋擠出杏仁汁，加入白糖菱粉煮熟即可。

八　蘋　果　批　Apple Pie

一．麵粉一半杯

二．白塔油或人造白塔半杯

三．鹽半茶匙

四．冰水半杯

先把鹽與粉混和，次將油用手指或刀同麵粉擦透，至全部成麵包屑狀，加足量冰水，使成厚麵糰，即將桿成碟形鋪在碟形烤盤上，將蘋果餡放入，上再蓋一層，搽上蛋黃，在四百廿五度烤箱內先烘十分鐘，再降至三百廿五度烘三刻鐘。

九　蘋果餡

成份：

一・蘋果六只至八只

二・鹽¼茶匙

三・糖半杯

四・白塔油半湯匙

五・玉桂粉或荳蔻粉¼茶匙（Cinnamon or Nutmeg）

六・檸檬皮及汁一只

做法：

將蘋果去皮心，每只切成八塊用糖漬過，放入麵鋪碟內，和入糖，玉桂等粉，鹽及檸檬汁，上放白塔油，蓋上麵被。

十 果酥

果酥卽花生酥香甜可口。

一・熟花生肉一斤

二・白糖一杯

三・炒米粉半杯

四・鹽一撮

五・印模一只

將花生去衣，用石舂或磨子磨成醬，調入白糖，炒米粉，鹽拌和，用印模壓緊，拍出卽成一餅卽是果酥。

十一　水果蛋糕 Fruit Cake

水果蛋糕，種類很多，其中水果及成份各各不同，今將其一種最可口的寫于下。

一·白塔油半磅
二·麵粉二杯
三·糖一杯
四·雞蛋五只
五·核桃肉一杯
六·葡萄乾半杯
七·甜橘皮¼杯
八·甜櫻桃¼杯
九·發粉二茶匙
十·鹽¼茶匙

將油打攪成酪，把糖漸漸加入，打至鬆勻，將蛋一一加入，在每蛋加入時必須打至極透，才能將第二只蛋加下，次將篩過之麵粉加入，用力打五分至十分鐘，加入拌過乾麵粉之核桃肉，葡萄乾，及甜橘皮，櫻桃等，調和，用長方模型在三百廿五度烤箱內，烘約一個半鐘頭。

十二　早茶餅乾

一・麵粉三杯（要篩過）
二・白脫油或豬油四兩
三・糖¾杯
四・雞蛋二個
五・牛乳約半杯

六・酵粉一湯匙
七・鹽1/4茶匙
八・香料精一茶匙
先將白塔油打鬆，加入白糖，打攪成酪，把蛋分別打入，攪透，次將麵粉，酵粉及鹽混合，篩入酪內拌和，放在粉板上，把牠輕輕桿成八分之一寸厚的一大片，用餅乾印模刻出放在烤盤內，用三百廿五度烘約廿分鐘或至上面微黃卽成。

十三　栗子蛋糕 Chestnut Cake

栗子蛋糕為秋季應時之著名西點，滬上幾家大咖啡館中有之，價格很貴，最出色的卽是那鬆脆的蛋糕底，做法較難。
一・栗子二斤

二・糖一半杯

三・雞蛋白四只

四・奶油半磅

五・糖油¼杯

六・牛乳少許

將栗子煑熟去殼，用鐵磨卽搖肉機磨碎待用，預將雞蛋白打硬，漸漸加入白糖一杯，逐打逐加，至打完為止，鋪在圓形鐵板上，在最小火內烘約四五小時，此卽為蛋糕底。再將磨碎之栗子和入糖，糖油及牛乳，拌透，再在搖肉機內搖出，卽直接搖在烘好之蛋白底上，一條一條的蟠在面上，末將打硬之奶油，用紙袋擠滿花紋在栗子上面及週圍。

十四 浜格 Pan Cake

浜格為西點中最簡單最易做，亦為最經濟之點心。

一．麵粉一杯

二．雞蛋一只

三．糖二湯匙

四．牛乳半杯

五．溶化的白塔油或生菜油一湯匙

六．鹽少許

七．糖油半杯

八．小蘇打1/4茶匙

將雞蛋打透，加入糖，油，打勻加進牛乳，小蘇打攪透，再以篩過之麵粉拌入打透，將平底鍋燒熱，搽油少許，用勺將混合物一勺倒入鍋中，俟上面有泡泡時下面呈金黃色，卽將其翻轉，再煎至黃色卽可。食時先用白塔油再澆上糖油。

十五　糖油做法

成份：

一・白糖一杯

二・水半杯

做法：

將糖用小些平底鍋，把牠溶化，至深黃色時，即將水傾入，煑約十分鐘，即成。

十六　珍珠肉圓

珍珠肉圓為鹹點心之一，以猪肉為餡外，黏以糯米飯粒粒如珍珠然，故以名之，可以乾食，亦可下湯食，別有風味。今將做法寫下如左：

一・猪肉一斤（肥瘦各半）

二・糯米一杯

三・雞蛋白一只

四・鹽，酒少許

五・醬油一茶匙

六・葱一茶匙

先將糯米浸數小時，灑乾待用，再把猪肉斬細，加入雞蛋白，鹽，酒，醬油，葱等，拌勻，做成如大桂圓大小的肉圓，在糯米內一滾，着其滿黏糯米，上籠蒸熟。如欲下湯食，可用雞湯或其他清的鮮湯下食之。

十七　牛舌餅乾 Lady's Finger

牛舌餅乾市上有售，即一版一版黏在紙上者，很是鬆脆，入口即化，西文名叶Lady's Finger美女手指，此即表示此餅乾之姣嫩矣。今將做法寫于下：

一·麵粉三分之一杯
二·蛋白三只
三·蛋黃二只
四·糖半杯
五·鹽八分之一茶匙
六·糖粉二湯匙
七·香草精四分之一茶匙

將蛋白打硬，加糖半茶匙，再打，逐打逐加，至三分之一杯糖加完為止，再將其餘之糖加入蛋黃攪透，輕輕拌入蛋白內，次把與鹽一同篩過之麵粉，調入蛋內，加下香草精，用紙袋把此混合物在袋底小洞內擠出，在搽過油之烤盤內，一條一條的排列着約三寸長半寸闊，上灑糖粉，在三百廿五度烤箱內烘約十五分鐘左右。

十八　馬拉糕

馬拉糕為廣東甜點之一，色帶淡黃，鬆軟可口，較西點中之蛋糕更鬆軟，今將做法寫于下：

一・麵粉四杯
二・黃糖四湯匙
三・白糖六湯匙
四・猪油八湯匙（溶化的）
五・酵母一塊

六・小蘇打半茶匙

七・發酵粉四茶匙

先將酵母用溫水一杯半調開，把麵粉二杯拌入，放在煖處，待其酵發，至上面有小泡泡起時，則將其餘二杯麵粉，及猪油，黄糖，白糖，發酵粉，小蘇打，與溫水一杯一同拌入已發之麵粉內，拌透，倒入塗油之模型內或蒸籠內，待其再發有一倍大時，即可上爐，用猛火蒸約一小時。

十九　水蒸蛋糕

成份：

一・雞蛋四只

二・糖一杯

三・麵粉一杯
四・香草精一茶匙
五・發酵粉一茶匙

做法：

將雞蛋黃白分開，先將蛋黃攪透，加入糖大半杯，再攪至淡黃色，待用。再把蛋白打硬，將糖漸漸加入，一面打，一面加，至加完為止，其時之蛋白，能使筷子竪立，將蛋黃輕攪入蛋白內，末將與酵粉篩過之麵粉，徐徐和入蛋之混合物內，加入香草精，放於搽油之模型內，隔水蒸之，約二十分鐘至三十分鐘即可。

二十　盒子酥

成份：
一・猪油半杯
二・麵粉一杯
三・猪油三湯匙
四・麵粉二杯
五・水半杯左右
六・火腿屑半杯（作餡心）
七・蘿蔔一斤（作餡心）
八・鹽二茶匙
九・糖半湯匙

做法：
先將蘿蔔去皮，刨絲用鹽捏過，再用油炒過，加入火腿屑，糖炒透，待用。次把猪油半杯，與麵粉一杯，用手指將油和入麵粉，搓成一長條，待用。再將三湯匙猪油擦入二杯麵粉內，加水做成麵糰，厚薄以着手能搓為度，將此粉糰搓至極透，至柔軟而有彈力性為止，把牠也搓成長條，與那油酥一樣長，把牠切成如大桂圓大，把那條油酥也切成如小桂圓大小，惟二者必須切成相等的數目，將大的一塊麵團先撳扁，把小的一塊油酥放入包起搓圓，先把牠桿成長圓形的薄片，捲起，順長再把牠桿成很長的一條，捲起，在中腰切成二半，稍撳即成二個比銀元大些的餅。把餡心放入，將另一塊蓋上，做成餃邊。入油鍋炒至兩面金黃色即可。如欲其色白則用冷，些的油炸之即可。

餃邊做法

先用大母指一捏，次將下一層往上一推，再一捏，以次類推。

廿一　檸檬批 Lemon Meringue Pie

一・糖一杯
二・麵粉四分之一杯
三・檸檬汁四分之一杯
四・檬檸皮二茶匙
五・水一杯
六・雞蛋黄三只
七・白脱油二湯匙
八・蛋白三只
九・糖九湯匙
十・鹽二分之一茶匙

先將糖，麵粉，鹽及四分之一杯水調和，加入其餘的水，在開水上，隔水蒸之，一面將不停手的攪，至覺稠厚，則加入蛋黃，攪透，再蒸十分鐘，加入白脫油，檸檬汁，檸檬皮，調和，傾入批盤內，上覆以蛋白，在三百廿五度烤箱內烘廿分鐘，或上面微黃為度。

鋪面蛋白打法：

將蛋白三只打硬，徐徐將糖加入，一邊打，一邊加，惟每次不可過半茶匙至九湯匙。糖及半茶匙鹽加完為止。

廿二　檸檬批盤底做法 Pie Shell

成份：

一・麵粉一杯半

二・鹽半茶匙

三・油半杯（豬油或白塔油）

四・冷水約三湯匙

做法：

將麵粉與鹽篩過，將白塔油和入，用刀或手指將油細細擦入粉內，拌和加入水，輕輕搓成麵糰，用桿桿成如批盤大小，納入盤內，按平，用叉在底及邊部皆刺過，以給其空氣透出，上邊用手或夾子做成花紋，上刷以蛋黃，在四百五十度烤箱內，烘約廿分鐘即可。

廿三　果子醬做法 Jam

果子醬有很多種做法，亦各各不同，各種水果有不同的性質，所以成分之配合及煑燒之方法亦皆各異，余將逐步教授之，今將其最易做者一種寫于下。

桃子或杏子醬

一・桃子或杏子二斤（去皮及核後量之）

二・檸檬汁四湯匙

三・糖一斤半

四・鹽一撮

用熟的桃子或杏子將開水泡一分鐘，再浸在冷水內，把皮核去淨，將檸檬汁拌入糖內，把果子稍搌碎，以一層果子一層糖，交替放入鍋內，淯漬三四小時後，加入鹽，放在火上將牠煑開，把沫撇去，用慢火煑，至厚而有光彩，即水分皆收乾為度，在煑時必須時時攪之，以免黏底。如欲貯藏，可乘熱裝入乾瓶內，密封之。

廿四　西米布丁

成份：

一・西米一杯半（乾的量）

二・糖一杯

三・雞蛋三只

四・牛乳四杯

五・豆沙一杯

六・鹽半茶匙

七・香草精一茶匙

做法：

將糖與牛乳煮開，加入鹽及淘淨浸過數小時之西米，煮至西米呈透明色，調入打透之雞蛋，滾一透，加入香草精，將一半裝入烤缸內，鋪上豆沙一層，上再加以西米糊一層，入烤箱內用四百五十度火烘至上面金黃色為度，乘熱上席。

量杯・量匙之計算方法

三茶匙——一湯匙 Table Spoon
二湯匙——八分之一杯
四湯匙——四分之一杯
五湯匙加一茶匙——三分之一杯
八湯匙——二分之一杯
十湯匙加二茶匙——三分之二杯
十二湯匙——四分之三杯
十六湯匙——一杯 Cup
二杯——一品脫 Pint
二品脫——一誇脫 Quart
四誇脫——一加倫 Gallon

點心組
俞氏空中烹飪
教授班
第三期

目錄

教授俞士蘭

一　百菓元宵

元宵卽為元宵節所吃之圓子，取其團圓之意，元宵似湯糰惟其皮子較厚，是用糯米粉播成的，餡子有百菓，芝蔴，猪油夾沙多種，今將其做法說明於下。

成份：

一．糯米粉四杯
二．核桃肉二杯
三．紅棗一杯
四．松子肉半杯
五．白糖一杯
六．瓜子仁二湯匙
七．猪油半斤（板油去皮，用刀刮細）

做法：

將核桃肉，松子肉，紅棗皆斬成細屑，加入白糖，瓜子仁及刮細之猪油，拌透，搓成如梅子大小之丸，作為餡子。次把糯米粉一層攤於竹籩內，將餡子用水醮濕，卽放入粉內，將籩推動，則粉卽滾於餡上，用冷水一碗，拿已擂過粉之餡子在水內一浸，放入籩內再滾，以後每醮水一次，滾上粉一層，滾約五六次或至湯糰大小卽可。

吃法有蒸，下湯，油氽數種。

芝蔴餡：將黑芝蔴炒熟磨細，拌入白糖及刮細之猪油搓和，做成梅子大小之餡，擂法與百菓餡者相同。

二 棗子布丁 Date Pudding

成份：

一・雞蛋一只
二・油一湯匙（白塔湯或猪油）
三・糖¾杯
四・麵粉一杯半
五・發酵粉二茶匙半
六・鹽半茶匙
七・牛乳半杯
八・棗子四份之三杯（外國棗子如用中國棗子須去皮）
九・香草精一茶匙

做法：

將白塔油攪透，加入白糖，攪成酪狀把雞蛋調入，打極勻即把已與發酵粉，鹽篩過之麵粉與牛乳交替加入蛋內，調入香草精及斬細之棗子，拌勻，傾入搽過油之模型內，蒸約一小時半，覆出，澆上日光沙司或蛋黃沙司，乘熱而食。

三．日光沙司 Sun Shine Sauce

成份：

一．白塔油半杯（四份之一磅）
二．糖粉一杯
三．雞蛋一只
四．香草精半茶匙

做法：

將白塔油打透，加入白糖再打攪成乳白色，加入雞蛋及香草精，把鍋放在熱水上用搖蛋機用力搖至鬆發即成。

四　蛋黃沙司　Custard Sauce

成份：

一・麵粉三湯匙
二・糖半杯
三・雞蛋二只
四・牛乳二杯
五・香草精一茶匙
六・鹽數粒

做法：

將麵粉，糖，鹽拌和，調入打勻之雞蛋，把牛乳煑熱，取以上調和之雞蛋混合物漸漸傾入攪勻，連鍋放在熱水上，一面煑一面攪，至覺厚時即可加入香草精。此項沙司可用于各種布丁。

五　彩色蛋糕

成份：

一・雞蛋六只（大者）
二・糖一杯半
三・麵粉一杯半
四・生菜油四湯匙
五・發酵粉二茶匙
六・可可粉三湯匙
七・小蘇打粉半茶匙
八・水果紅數滴
九・牛乳二湯匙
十・鹽半茶匙
十一・香草精一茶匙

將雞蛋黃白分開，先把蛋黃用木匙攪透，漸漸加入生菜油，牛乳及糖一杯，攪至檸檬色為止，次將蛋白打硬，再以其餘半杯糖，半茶匙，半茶匙的加入，須一邊打一邊加，即把攪透之蛋黃輕輕和入打硬之蛋白內。次把麵粉與發酵粉及鹽一同篩過，慢慢捲入蛋之混合物內，加下香草精，拌和。將之分成三份：第一份加入小蘇打粉及可可粉（須用開水二湯匙調開者），第二份滴入水果紅數滴。將此三種顏色之混合物。交替放入搽過油之模型內，放入時落手須輕，則烘出後三色相間甚為美觀，用三百五十度烘約半小時（即中火）

六 開花飽或豬油飽

開花飽又名豬油飽，面上自然開花，鬆軟無比，幾家廣東酒家做得最是拿手，今將其做法寫于下。

成份：

一・麵粉二杯（要上白的）

二・猪油二湯匙

三・糖二湯匙（要上白棉糖）

四・發酵粉四茶匙

五・生猪油二兩（作餡用者）

六・白糖半杯（作餡用者）

做法：

將生猪油去皮，用刀刮細與白糖半杯拌和，搓成如桂圓大小之丸，作為餡心待用，次將刮細之生猪油或熬熟而凝結之猪油二湯匙與白糖二湯匙一起加入麵粉內（須先同發酵粉篩過）用手指將粉與猪油揑和，調入冷水半杯輕輕拌和，無須搓捏，取粉一團撳扁以餡心一粒放入包起，上蒸籠用猛火蒸約二十分鐘卽可，須以上面自然開花爲標準。

七　甜番薯早茶蛋糕

成份：

一・麵粉一杯半
二・糖一湯匙
三・發酵粉五茶匙
四・雞蛋二只
五・鹽半茶匙
六・牛乳一杯
七・煑熟甜番薯一杯

八・油半杯

做法：

將麵粉與糖，發酵粉，鹽混合篩過待用，次將雞蛋打透，調入牛乳，加進煮熟之番薯，打攪至稠滑，即把麵粉等和入，加進油拌和，裝入小蛋糕模型內（不可過滿）在四百度烘箱內烘約三十分鐘，食時須用糖醬。

八　白麵包

成份：

一・牛乳一杯

二・白糖二湯匙

三・鹽一茶匙

四・油一湯匙
五・水一杯
六・酵母一塊
七・温水四湯匙
八・麵粉六杯半左右

做法：
將牛奶煑熱加入白糖，鹽及油攪至糖溶，加進水一杯待稍冷，即將酵母在四湯匙温水內溶化後也加入調和，後將麵粉加進調成麵團，即放在粉板上搓至極透，即捏成一大團放入搽過油之大碗內，上面用布蓋着，放于暖處待其發起有一倍大時，再將牠搓捏，分成二塊，搓成球形待十五分鐘後，裝入搽油之長方模型內，用濕布蓋住，放在暖處，再待其發起有一倍大即將放入四百度烤箱內烘約三刻鐘，覆出待冷，可做一磅裝的枕頭麵包二只。模型之大小：長—八英寸半。闊—四英寸半。高—二英寸半。

九　湯麵餃

湯麵餃即為蒸餃之一，須先將麵粉燙熟而後做成餃皮者，故有是名。皮子鬆軟而適口，今將其做法寫于下。

成份：

一・麵粉四杯
二・猪肉一斤
三・醬油四湯匙
四・酒一湯匙
五・鹽少許

六・糖半茶匙

七・沸開水一杯

做法：

將麵粉篩過用沸開之水一杯調和，搓捏極透，待用，次把猪肉須肥瘦各半，先切成細粒再斬碎，即以醬油，酒，鹽，及葱末調入拌和，取麵粉一小塊，用麵桿桿薄之，以猪肉一茶匙放于中間，將皮對摺，捏住摺口，做成餃形，上籠蒸十五分至二十分鐘即可，用醋及薑絲蘸食。

十　捲洞果醬蛋糕　Jam Roll

成份：

一・雞蛋六只

二・白糖四份之三杯
三・麵粉一杯
四・鹽，四份之一茶匙
五・香草精一茶匙
六・果子醬一杯
七・糖粉二湯匙 Powder Sugar

做法：

將雞蛋黃白分開，先把蛋黃用木匙攪透，加入白糖半杯，再攪，至成淡黃色，待用。次將蛋白打硬後，把其餘的半杯糖漸漸加入，加時每次不可過一茶匙，逐打逐加至加完後，即以打勻之蛋黃慢慢拌入，再將與鹽篩過之麵粉加入，輕輕捲勻，加進香草精，傾入塗過油之長方模型或烤盤內（烤盤之大小為，長——十四英寸，闊——十二英寸），用三百五十度烤箱內，烘約十五分鐘或至糕面不黏手而有彈力性卽可取出，覆于清淨之濕紗布上，捲起俟稍冷，放開，塗上果子醬一層，除去紗布再捲起，洒上糖粉，切成一片一片卽成。

十一 雞捲 Chicken Roll

雞捲為三明治之一，旅行或野餐用之，最為適宜，因其外面係用蠟紙包住不易乾硬，且攜帶方便，今將做法說明于下

成份：

一・枕頭麵包一只

二・熟雞肉二杯

三・芹菜半杯（煑熟斬細）

四・梅效尼斯一杯 Mayonnaise

做法：

將雞肉切成細屑，和入斬細之熟芹菜，調進梅效尼斯，拌和待用。一面把麵包切成很薄的片（一只枕頭形麵包可切成十八至二十片）切去外皮，塗上調就之雞醬一層，即捲起，用長方形蠟紙包住，紙的兩端即將之紐起即成。

十二　梅效尼斯　Mayonnaise

成份：

一・生蛋黃一個

二・生菜油一杯　Salad Oil

三・牛乳（淡乳）少許

四・醋少許

五・芥末少許 Mustard
六・鹽四份之一茶匙
七・糖，胡椒粉各少許

做法：

將蛋黃在盆內攪開，加入鹽，糖，芥末粉，胡椒粉等調和，即把生菜油一滴一滴的加進，同時用匙羹或筷子急攪之，一面加一面攪，至加有半杯時，即可半湯匙半湯匙的加下，至油加完後，將醋拌進即成，如覺太厚，可加入牛乳，至厚薄適宜為度。

十三 南瓜糰子又名黃金糰

南瓜糰即係用糯米粉及南瓜和合而做成皮子的糰子，蒸熟後，其顏色成為金黃而燦爛，故美其名曰黃金糰，其餡心分為甜鹹二種，鹹者可用猪肉或菜心，隨心所欲，甜者，荳沙，蘇蓉，百果皆可，今將其皮子之做法詳細說明于下。

成份：

一・南瓜一個

二・糯米粉酌量

三・餡心一碗

四・糉箬一把

做法：

將南瓜洗淨，刮去外皮及肚中子，切成薄片，加水少許，煮至糜爛，撈起瀝乾，盛入鉢內，加糯米粉至乾濕均適，能着手不黏為度，即將之搓捏極透，取起粉一塊，捏空其心，實以餡心（或甜或鹹）包之成糰，下墊以方塊糉箬，上籠用急火蒸熟之，上面可蓋紅色小印，為識別糰之餡心。

十四 薑餅 Ginger Snaps

成份：

一·油半杯
二·麥芽糖一杯
三·麵粉三又四份之三杯
四·小蘇打半茶匙
五·薑粉一湯匙
六·鹽一茶匙半

做法：

將麥芽糖煑沸，澆在油上，調和，另把篩過之麵粉與小蘇打，薑粉，鹽一同拌和，加進糖內，待冷透（最好用冰冰上一時）取出一份，放于粉板上，用桿棒桿成很薄的片，以模型刻出，放在烤盤內，用中火烘約八分至十分鐘，在做時，須將其餘未曾做的部份，放置于冷的地方，或用冰冰着，以免其溶化而不易桿做。

十五　單蛋蛋餻　One Egg Cake

成份：

一・麵粉二杯

二・白塔油四湯匙

三・糖一杯

四・雞蛋一只

五・牛乳四份之三杯
六・發酵粉三茶匙
七・鹽四份之一茶匙
八・香草精一茶匙

做法：
先將麵粉，發酵粉，鹽一同篩過，連篩三次待用。次把白塔油攪透，漸漸將糖加入，打攪成酪，加入雞蛋，攪至極透即將篩過之麵粉與牛乳交替加入，逐打逐加，打至稠滑為度，末以香草精和入，用二只層糕的模型，將糊倒入，在三百七十五度烘箱內烘約廿五分至三十分鐘，覆出待冷，以二只合成一只，中用蛋黃隔心，上面飾以白塔油糖面。
蛋糕模型：九寸直徑的活底盤二只

十六　蛋黃隔心

成份：

一・粟米粉二湯匙（用水二湯匙調開 Corn Starch）

二・糖一杯

三・牛乳一杯

四・蛋黃二只

五・香草精一茶匙

做法：

將糖與牛奶燒滾，加入用水調開之粟米粉調勻（最好放在開水上蒸之，惟須不停的攪），繼把蛋黃調勻也加入，急攪之，至覺厚時卽將香草精加入，卽成，此隔心是用于隔在蛋餻之中心。

十七　白塔油糖面

成份：

一・白塔油或人造白塔四份之一杯（1/8磅）

二・糖粉二杯（Powder Sugar）

三・牛乳三湯匙

四・鹽數粒

五・香草精四份之三茶匙

做法：

將白塔油溶化，加入糖粉調和，如覺太厚可加牛乳少許，至厚薄適度可以擠出花紋為度，可用紙袋裝起用花嘴擠成各種花紋在蛋糕上為裝飾。

十八　咖喱角

成份：

一・麵粉一杯半

二・鹽一茶匙

三・白塔油或猪油半杯

四・冷水約三湯匙

五・猪肉六兩

六・笋二小株

七・咖喱粉二茶匙

八・洋葱一只

九・糖半茶匙

十・蛋黃一只

做法：

先將麵粉與半茶匙鹽篩過，把切細之白塔油，和入粉內，用手指捏細，調入水和成麵糰，用冰冰着待用，一面將猪肉，笋切成小丁塊，洋葱斬細待用，再將猪肉用菱粉及鹽拌過，以油爆過撈起，畄起餘油，留下三湯匙，即以洋葱傾入爆一透，加入咖喱粉，糖炒和，即將爆過之笋丁，猪肉倒入，加下酒一湯匙及水三湯匙炒二透即可盛起待冷。取粉坯一塊擀扁包入餡心，對邊摺起，將邊用手指捏成餃邊如餃絲形，上面塗以蛋黃，放于烤盤內，用四百度烤箱內烘約二十分鐘或至上面金黃色即可。

十九　猪油鬆糕

成份：

一・糯米粉一升
二・粳米粉二升
三・白糖二斤
四・赤豆一斤
五・猪油二斤
六・黑棗半斤
七・核桃肉四兩
八・紅瓜，瓜子仁各二湯匙

做法：將糖用水二杯燒溶，即把糯米粉與粳米粉拌和後，以糖水倒入，將之拌成粗鬆的乾粉，即用粗篩篩出，用蒸籠或蒸鍋一只，下面展以紗布，將篩過之粉輕輕鋪上一層約半寸厚，上爐蒸約十分鐘或至粉黏結而不散，即將第二層粉鋪上，把切成塊而用糖漬過之猪油平鋪一層，卽把第二層粉鋪上，上將黑棗，核桃等以次鋪滿一層，再上爐蒸之，熟後卽將第三層如法鋪上，厚薄隨心所欲，惟在最後一層上面，必須將猪油，核桃，紅瓜，瓜仁等排列整齊美觀作為裝飾，如欲赤豆鬆糕卽可將煑熟之赤豆用粉拌和，隔於中層，做法相同。

二十　楊梅蛋糕 Strawberry Short Cake

成份：

一・麵粉二杯

二・發酵粉四茶匙

三・鹽半茶匙

四・白塔油半杯

五・糖四份之一杯
六・雞蛋一只
七・牛乳三份之一杯
八・楊梅一斤
九・奶油半磅 Whipping Cream

做法：

先將楊梅去頂及梗，洗淨，用糖漬數小時，待用，次把麵粉與發酵粉，鹽，糖拌和，用篩篩兩次，即把白塔油切碎加入粉內，用手指細細捏和，加進打勻之雞蛋及牛乳，輕輕調和，放置于粉板上搌開，裝于圓的蛋糕模型內，用四百五十度烘箱內烘約十五分鐘，取出待冷，剖成一爿，一面將漬過之楊梅揀其大粒而美觀的楊梅留起，作為糕面上裝飾之用，把其餘的搌碎，即舖上一層在蛋糕之一爿，再敷以打硬之奶油一層，即將另一片蛋糕合上，糕面先塗奶油一層繼以整粒之楊梅一一放上，再以奶油用紙袋及花嘴擠成各種花紋以為裝飾，紅白相間很是美觀奪目。

廿一 楊梅塔 Strawberry Tart

楊梅塔係小的楊梅餅

成份：

一・麵粉一杯半
二・鹽半茶匙
三・白塔油或猪油半杯
四・雞蛋一只(大的)
五・楊梅半斤

六・奶油半磅
七・糖一杯
做法：
先將楊梅頂與梗去掉，用糖漬淯着，一面把白塔油攪鬆，加入雞蛋，打攪成酪，次將麵粉，發酵粉，鹽一同篩過，加入于雞蛋白塔油之混合物內，調和，放在粉板上，輕輕搌開，約1/8寸厚薄，用刀劃成與模型一樣大小之片，納入模型內按平，切去邊皮，用叉在底部及邊部皆行刺過，以給其空氣透出，放入四百度烤箱內烘約十五分鐘，取出待冷，即以楊梅裝滿之，上以打硬之奶油擠成花紋即可。

廿二　楊梅糖醬

一・楊梅四磅
二・白沙糖三斤

做法：

將楊梅頂頭及梗盡行去掉洗淨，以一層楊梅一層糖的重疊放置於鍋內，下面用火慢慢燒滾，須不時將上面泡沫撇去，且欲時時攪動以免其黏底，煑至厚而發光亮時，即可裝入瓶中，用兩面塗過雞蛋白之紙包扎之，置於涼爽而乾燥的地方可久藏不壞。

廿三　翡翠糰又名青糰子

青糰子為清明時節應時之著名點心，其餡心有荳黃餡，荳沙餡數種，清香撲鼻，鮮甜可口，因係用㕚葉所做成者今將其做法說明于下。

一・青乂嫩葉一扎

二・糯米粉一升

三・白糖半升

四・黄荳粉一杯

五・猪油四湯匙

六・荳沙一杯

做法：

將青乂之嫩頭摘下洗淨後，用石臼舂爛，榨取其汁，加入石灰水少許，和入糖，糯米粉內，拌和，搓透待用，次把黄豆粉和入白糖及猪油，做成餡心，為之荳黄餡，即取粉一小塊，中央捏空裝以荳黄餡或荳沙餡心包起，搓圓放在印模中撳成各種花紋，下展竹箬，上籠蒸熟。

書名：俞氏空中烹飪・點心組(1-3)期
系列：心一堂・飲食文化經典文庫
原著：【民國】俞士蘭
主編・責任編輯：陳劍聰

出版：心一堂有限公司
地址/門市：香港九龍尖沙咀東麼地道六十三號好時中心LG六十一室
電話號碼：+852-6715-0840　+852-3466-1112
網址：www.sunyata.cc　publish.sunyata.cc
電郵：sunyatabook@gmail.com
心一堂 讀者論壇：　http://bbs.sunyata.cc
網上書店：　　　　http://book.sunyata.cc

香港及海外發行：香港聯合書刊物流有限公司
地址：香港新界大埔汀麗路三十六號中華商務印刷大廈三樓
電話號碼：+852-2150-2100
傳真號碼：+852-2407-3062
電郵：info@suplogistics.com.hk

台灣發行：秀威資訊科技股份有限公司
地址：台灣台北市內湖區瑞光路七十六巷六十五號一樓
電話號碼：+886-2-2796-3638
傳真號碼：+886-2-2796-1377
網絡書店：www.bodbooks.com.tw
台灣讀者服務中心：國家書店
地址：台灣台北市中山區松江路二〇九號一樓
電話號碼：+886-2-2518-0207
傳真號碼：+886-2-2518-0778
網絡網址：http://www.govbooks.com.tw/

中國大陸發行・零售：心一堂
深圳地址：中國深圳羅湖立新路六號東門博雅負一層零零八號
電話號碼：+86-755-8222-4934
北京流通處：中國北京東城區雍和宮大街四十號
心一店淘寶網：http://sunyatacc.taobao.com/

版次：二零一五年六月初版，平裝

	港幣	八十八元正
定價：	人民幣	八十八元正
	新台幣	三百四十八元正

國際書號 ISBN 978-988-8316-90-8